博 物 之 旅

地球村公民

动物大家庭

芦 军 编著

U0304632

安徽美术出版社
全国百佳图书出版单位

图书在版编目（CIP）数据

地球村公民：动物大家庭 / 芦军编著.—合肥：
安徽美术出版社，2016.3（2019.3重印）
（博物之旅）
ISBN 978-7-5398-6675-8

Ⅰ.①地…　Ⅱ.①芦…　Ⅲ.①动物—少儿读物　Ⅳ.①Q95-49

中国版本图书馆CIP数据核字（2016）第047085号

出 版 人：唐元明　　　责任编辑：程　兵　张婷婷
助理编辑：方　芳　　　责任校对：吴　丹　刘　欢
责任印制：缪振光　　　版式设计：北京鑫骏图文设计有限公司

博物之旅

地球村公民：动物大家庭

Diqiucun Gongmin Dongwu Dajiating

出版发行：安徽美术出版社（http://www.ahmscbs.com/）
地　　址：合肥市政务文化新区翡翠路1118号出版传媒广场14层
邮　　编：230071
经　　销：全国新华书店
营 销 部：0551-63533604（省内）0551-63533607（省外）
印　　刷：北京一鑫印务有限责任公司
开　　本：880mm×1230mm　1/16
印　　张：6
版　　次：2016年3月第1版　2019年3月第2次印刷
书　　号：ISBN 978-7-5398-6675-8
定　　价：21.00元

目录

动物与植物有哪些区别？

　　植物和动物是生物的两大门类，那么，怎样来分辨一种生物是植物还是动物呢？

　　分辨植物与动物有一条非常严格的标准，那就是植物的细胞有厚厚的细胞壁，而动物的细胞只有一层细胞膜，没有细胞壁。除了平时我们可以看到的少数寄生和腐生的以外，植物几乎都要进行光合作用来制造"食物"，这是自给自足的生存方式；而动物则不能自己制造养料，需要捕食别的生物才能生存。

　　另外，植物的生长有一个过程，一般都要经历发芽、长叶、开花、

结果、死亡等几个时期，一生几乎就只在一个地方生存，直到死亡。而大多数动物都可以到处跑来跑去，处于运动状态。许多动物都具有眼睛、耳朵等感觉器官，它们凭借这些器官来感知周围的一切信息。此外，动物还有一些可以迅速传递周围信息的神经细胞，能够对变化快速做出反应。

为什么动物的尾巴不一样？

目前世界上生存着150多万种动物，除了猿和蛙等少数动物的尾巴已经退化外，绝大多数动物都有尾巴。这些尾巴有不同的外观，也有各自的妙用。

鱼的尾巴不仅可以控制方向，还可以提供前进的动力，相当于一台推动器。澳洲的袋鼠有一

条粗壮有力的大尾巴，长达1.3米，可以当它的"第三条腿"，跳跃的时候，尾巴用来平衡身体。卷尾猴的尾巴很长，还有出色的缠绕能力，可以做出各种动作，比如爬树，甚至可以倒挂身子睡觉。壁虎和蜥蜴在情况危急的时候，会把尾巴留下来迷惑敌人，自己则逃之夭夭了。而老虎的尾巴用处更大，那可是它的武器，能使许多动物丧命。黄占鹿的尾巴是用来相互通风报信的，是"信号尾巴"，有人把它叫作"信号旗"，这是为

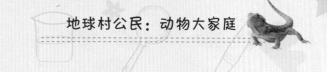

了便于在奔跑中互相联络，不致迷失方向。而仓皇溃逃的犬类动物通常夹起尾巴，这是失败服输的表示。

动物的鼻子都有什么用处？

所有动物的鼻子都有着共同的作用，它不仅是呼吸道的一部分，也是嗅觉器官。但各种动物的鼻子都存在不同之处。

一般来说，嗅觉灵敏的动物，鼻子往往长而突出，鼻孔大而湿润，鼻腔内布满嗅觉细胞。美洲巨型食蚁兽的鼻子在长度上仅次于大象，它善于在土堆瓦砾中寻找蚂蚁；狗能辨别出一千多种物质的气味；鲨鱼的鼻子可以在夜间闻到几千米外的血腥。野猪的鼻子坚韧有力，可以用来挖掘洞穴或推动40~50千克的重物，或当作

武器来抵御外敌入侵。另外它的嗅觉特别灵敏，就连食物的生熟都可以用鼻子分辨出来！

　　鼻子结构不同，功能也不同。大象的鼻子可以随意收缩，是战斗的武器；水牛的鼻子可以排汗，有散热调温的功能；蝙蝠的鼻子可以发出两万赫兹以上的声波，就像雷达一样。

现在的类人猿有可能变成人吗？

　　灵长类动物是所有哺乳动物中进化程度最高的动物，包括长臂猿、猩猩、黑猩猩和大猩猩。它们通常都是十分灵活的爬树能手，长着长长的四肢和灵活的手指、脚趾；大脑袋上长着宽宽的、超前的眼睛。古猿是它们和人类共同的祖先，所以它们在血缘和外形方面与人类都很接近。那么，现在的类人猿可能再进化成人吗？

　　科学家研究发现，几百万年前，古猿由于物竞天择的压力和基因突变，分别进化为现在的人类和类人猿两种物种。人类的进化是漫长的，从直立行走，到手和脚的分工，再到语言和文字的出现，然后是大脑的发展，最后才逐渐形成了现代人。

现在的类人猿还生活在大森林里，过着小家庭的生活。因为没有社会生活，无法进行交流，更无法产生语言和文字，所以它们的这种生存方式决定了它们不可能进化成人类。

猴和猿的不同之处在哪里？

我们经常把猴和猿均称为猿猴，其实猿和猴有很大的区别。猴有尾巴，猿没有；猴的后脚比前脚长，猿则相反；猴子走路时前脚掌着地，猿则是以指节着地或双手高举；猴的脸上有颊囊，采食时可以将食物暂时存在颊囊中，猿的脸上则没有；猴小臂的毛是朝手掌方向顺着长的，而猿则是向外横着长的。

长臂猿和猩猩属于猿，长臂猿动作特别敏捷，它能利用双臂的交替摆动，在树上跃起数十米，速度非常快，它甚至可以在空中抓住飞鸟。

我们经常看到猴子之间互相抓搔身子，其实它们是在抓对方身上的盐粒。猴子平常吃的食物里含盐很少，身上的汗水

蒸发后，盐分便同皮肤和毛根上的污垢一起结合成盐粒，当猴子觉得盐分不足时，就在对方身上找小盐粒吃，看起来好像是在给同伴捉虱子一样。

猴王是怎么选出来的？

　　猴子是群居动物，不管在自然界还是动物园中，猴子都是几十只甚至几百只地集群活动，而在一个猴群里，肯定有一只身强体壮的公猴担任"猴王"。

　　在猴群中，除了猴王就是母猴和幼猴。因为小公猴长大后，就会被逐出猴群过流浪的生活，直到完全长大。成年的公猴如

果认为自己身强体壮，就可以回来挑战猴王，如果胜利，它就是新任的猴王，而老猴王则被逐出猴群。

猴王为了显示自己至高无上的地位，喜欢占领最高点，独坐在猴山顶峰，然后高高翘起弯成"S"形的尾巴，显得威风凛凛。

猴王的权利很大，可以优先挑食，独自享有交配权利。如果有猴子不服从管制，就会遭到猴王的严厉训斥。猴王同时也要保护众猴的安全和部落的领土。流浪在外的野公猴到了交配的季节，常常到猴群中寻找交配的机会。这时，猴王就要带领众猴抵制来犯者，但绝不会将来犯的同胞置于死地。

大象的鼻子为什么那么长？

大象的体格是随着环境的变化及自身适应环境的需要演变成的。大象的祖先们头部短而粗，还有长而重的牙，低头时很困难，转动起来也不方便。随着时间的推移，它们的身躯越来越大，嘴与地面上草的距离也越来越大，很难吃到地上的食物，再加上四肢长得像粗大的圆柱，灵活性不够，活动起来很不方便。由于身体的不灵活，大象只好把鼻子伸长，依靠肌肉的收缩而运动，使鼻子具有手、唇和鼻子的三种功能。这样，大象的鼻子慢慢就发展成今天这个样子。

大象用鼻子吸水时不会被呛到，是因为它的大脑命令喉咙处的肌肉收缩，使食道上方的软骨把气管口盖上，这时，水就会从鼻腔流入食道，而不会进入气管了。

为什么老虎和狮子不打架？

狮子是体格强壮的大型猫科动物，其体形大小仅次于老虎，是最著名的野生动物之一，自古就被称为"百兽之王"。狮子多喜欢栖息于多草的平原和开阔的稀树草原，它们体长、腿短、头大、肌肉发达。

可是老虎也被称为"森林之王"，那么它们到底谁更厉害呢？有些小朋友可能会说，让它们打上一架就知道了，可实际上，它们没办法在一起打架。这是为什么呢？

因为狮子的老家在非洲大草原，而老虎的家在亚洲森林里，两个地方相隔千山万水，它们怎么能见面打架呢？所以，它们只是在自己的领域里被其他动物尊称为"大王"。

在捕食方法上，狮子喜欢相互配合，而老虎则喜欢单独行动，动物学家由此得出结论——亚洲的老虎更厉害一些。

是气候变化导致恐龙灭绝的吗？

关于恐龙的灭绝，一直是个谜。在时间上，有人说是在8 000万年前，也有人说是在6 500万年前。从化石的研究中发现，从恐龙的家族日渐衰落到彻底灭绝，大约经历了3万年的时间。

有关恐龙灭绝的原因，有人提出是由气候、环境变化导致的。在 8 000 万年前，地表发生了一次巨大的变化。由于地壳运动，大面积的平坦土地渐渐向上隆起，形成了山脉，海水也退到低谷中去了，陆地面积扩大，气温开始变冷，原来适合恐龙生存的热带和亚热带环境相继消失，在热带森林大片消失后，恐龙因缺乏食物而走向灭亡。

但是，科学家通过对地质的研究发现，地壳运动引起的陆地上升是缓慢的，每年只上升几厘米甚至几毫米，由它引起的气候变化相应也很慢，而恐龙在此期间，适应能力完全可以调节过来，所以，现在很多科学家不认同气候变化导致恐龙灭绝的说法，认为恐龙的灭绝是由其他原因造成的。

为什么猎豹跑得特别快?

经过动物学家的研究和测定,在动物王国里,跑得最快的是猎豹。

猎豹生活在非洲大草原,它长距离奔跑的时速是 60 ~ 70 千米,而短距离奔跑的时速可达 110 千米,相当于汽车在高速公路上行驶的速度。

猎豹能够快跑,是适应生存的结果。在非洲大草原上,它的食物是羚羊、斑马等食草动物,它们个个都是善于快跑的动物。如果猎豹想捕食它们,就必须跑得更快。于是,猎豹的身体结构进化成现在适合奔跑的体形。它的身形前高后低,腰身细长,四

肢特别长，爪下还有很厚的肉垫，一步就能蹿出很远，特别适合狂奔；它的脊柱弹性也很好，在奔跑时可以将身体弹向前方；它的尾巴就像灵活的舵，可以起到平衡的作用；另外，它的肺活量也很大，使它在奔跑时有足够的氧气供应。

为什么大熊猫是国宝？

我们常说，大熊猫是国宝，这是为什么呢？

大熊猫是生物学家们研究古代生物的活化石，因为它经过了上千万年，却没有发生什么变化。在数十万年以前，大熊猫非常多，遍布我国的许多地区，甚至缅甸北部也有少量分布。

然而大熊猫成熟比较晚，对配偶有选择性，繁殖周期很长，每胎产崽数少，所以数目日益减少。目前世界上只有我国才有大熊猫，是我们需要特别爱护的动物。它的圆脑袋上长满白色的毛，有一对圆圆的耳朵，大眼睛的周围是一圈黑色的毛，像是戴了一副墨镜，四条短粗的黑腿走路慢腾腾的，性格比较温和，憨态可掬，行动逗人喜爱。它不仅是中国的"国宝"，而且还被世界野生动物协会选为会标，并常常担当中国的"和平大使"，远渡重洋，出使美国、英国、日本等国家。

为什么黑熊又叫熊瞎子？

　　黑熊的头很宽，嘴巴很大，两只耳朵又大又圆，有点像狗，因此人们叫它"狗熊"。

　　黑熊的身体肥胖而笨重，所以又叫"笨狗熊"。它的四肢比较粗壮，有五趾，趾端有爪，足后有肥厚的肉垫。黑熊的主要食物是昆虫和植物的嫩芽、叶子和种子，它尤其喜欢吃蜂

蜜，常常为了吃到蜂蜜而捅蜜蜂窝，最后被蜜蜂追着乱蜇。黑熊的性格比较孤僻，而且视力很差，看不清东西，有时候什么都看不见，因此人们又叫它"熊瞎子"。经过人工训练的黑熊还可以表演杂技，它会用两条后腿直立，两条前腿抱拳，做出作揖的样子来，逗人发笑。

据说熊很笨，它们在捕捉小动物的时候，如果遇到了一窝，就会一个接一个地捉来，塞到腋下。尽管塞了后面一个又掉了前面一个，但是笨熊却仍然往腋下塞，到最后，它的腋下只有最后那只小动物了。

为什么说白熊是北极动物之王？

　　在北极的冰原上，白熊是动物之王，由于它只生活在北极，所以也称为北极熊。北极熊身体庞大，最大的北极熊身长达3米，体重达到700千克。北极熊比黑熊的身体大得多，身上的毛也比较厚密。它全身长有白毛，只有鼻尖有一点黑色，这是

它的天然保护色。北极熊头扁，颈粗而长，耳朵很小，两只圆圆的眼睛闪闪发光。它的爪子肥大，脚掌上还生有一层很厚的密毛，这使它在雪地上行走时不至于滑倒。在北极浮冰上到处都可以看见它们追逐嬉戏，或者斗殴撕咬，捕杀弱小的动物。

北极熊是不折不扣的冬泳健将，可以一口气在北极冰冷的海面上游 40 千米。北极熊的前爪最适合用来划水，它们的脖子比其他种类熊的脖子长，便于在游泳时将头露出水面。

北极熊用后腿站起来跟大象差不多高，它们的力量极大，对付 100 千克重的海豹，常常像老鹰捉小鸡一样，把它们从冰洞中拖出来，用肥大的熊掌将海豹的脑袋拍碎。

为什么华南豹又叫金钱豹？

动物园中的豹子有华南豹、华北豹，还有朝鲜豹，其中华南豹又叫金钱豹。华南豹的体格比老虎小，而且比老虎瘦，身长90~110厘米，尾巴长75~80厘米，体重为40.5~70千克。华南豹头圆，眼睛大，耳朵短圆且直立，四肢短，全身为深黄色。

由于它的头部和背部长有许多黑色的圈圈，很像我国古代的铜钱，所以才叫它金钱豹。金钱豹主要分布在我国的南部、西南

部以及东南亚等地，属于一级保护动物。金钱豹能在丛林、森林、山区和丘陵地带生活，和老虎一样喜欢在夜间活动。

豹子的种类很多，但是只有雪豹能在海拔 3 000~6 000 米高的雪山上生存。雪豹的外形和一般的豹子差不多，只是头略小一些，尾巴比较粗，尾巴的长度和体长相当，体重约为 200 千克。雪豹的身上长满了厚厚的绒毛，能够抵御高原雪山上的严寒。

为什么梅花鹿身上的"梅花"会变?

在春夏之交,梅花鹿皮毛的白色素特别多,就会形成白色的毛。由于这时整个身上的毛都比较薄,这些白色的毛形成的白斑就很明显,可以清楚地看到它身上像梅花的花纹。到了秋季末期,梅花鹿就开始换毛。由于白色毛的减少,整个毛的底色变浅,并且换上的毛又长又密,所以,冬天的时候梅花

鹿身上的"梅花"就不那么明显了。

等到来年春天，梅花鹿又换上了有梅花图案的棕红色夏装，它们经常用嘴将毛发舔得油亮而又整齐。但是秋天里，换上灰色的冬装后，雄鹿就常将自己弄得一身泥，这是雌鹿最喜欢的颜色。

其实，许多动物的毛在一年当中都是随着季节来换的。到秋天的时候，动物换上厚厚的绒毛，就不怕严冬的冷风了；到了春暖花开的时候，它们就换上薄薄的毛，到了夏天也不会怕热。这是动物在长期的生活中，为了适应周围环境的冷热变化而采取的保护自己的手段。

为什么老鼠总也不会灭绝？

　　老鼠的破坏性非常大，不仅咬坏家具、衣服，还糟蹋粮食，毁坏建筑物，传播疾病。所以，人们总是千方百计地要消灭它，猫头鹰、猫、黄鼠狼等都是老鼠的天敌，可是老鼠却没有灭绝，这是为什么呢？

　　科学家们认为，老鼠的繁殖能力非常强，一对老鼠一年可以繁殖5 000多只小老鼠，而且幼鼠的成活率很高。老鼠采用的这种以量取胜的方法，常常是消灭一批，又成长一批，这个物种始终都能存活下去。

　　最让科学家们百思不得其解的是，老鼠终日以垃圾、厕所和臭水沟为家，却几乎没有什么疾病。况且，它们根本不"挑食"，五谷杂粮甚至各种垃圾都可以填饱肚子，竟然能消化掉，真让人不得不佩服老鼠的生存能力了。

鼠类动物体形差别很大。大的如袋鼠，站起来几乎有2米高；体形最小的鼠是金龙鼠，它既会爬树又会挖洞，背上长着5条黑色的纵纹。

为什么浣熊要洗食物？

　　浣熊属食肉目浣熊科，生活在美洲大陆，是一种珍贵的皮毛兽。浣熊是一种很可爱的动物，它全身长着灰、黄、褐等颜色混杂的毛。脸上有黑色的斑毛，眼睛的周围有一圈黑毛，像一副眼镜，尾巴上还有五六个黑白相间的环纹。浣熊经常在树上活动，它的窝也在树上。当受到天敌追踪时，它就会躲到树梢上。到了冬天，北方的浣熊还要在树洞中冬眠。

　　浣熊能捕捉到水中的虾和螃蟹，因为它的前后肢都

长着五个指头。浣熊最可爱的地方是它捕捉到小动物时，总是要先在水里洗洗再吃。难道它也和人类一样有清洁的概念？有人认为，这是浣熊的一种本能习性，这种习性是祖祖辈辈传下来的，在动物的习性中，食性是变化最快的。也有人坚持认为是浣熊喜欢清洁，要洗掉这些小动物身上的泥土。

为什么警方把小白蛾看成反毒功臣？

　　蝴蝶与飞蛾同属于鳞翅目昆虫，体表颜色各异，一眼看去十分相似。飞蛾的体形大多正面色泽暗淡，反面较鲜艳，有许多飞蛾本身还有一些很特殊的地方。

　　秘鲁有一种叫作"马伦比埃"的小白蛾，它被警方看成是反毒的大功臣。这是为什么呢？原来，小白蛾幼虫的食物是一种叫作古柯的植物。而毒品可卡因，就是从古柯的

叶子中提取并精炼而成的。

　　一个秘鲁的反毒官员意外地发现这种叫作"马伦比埃"的小白蛾，它的幼虫在数月内就毁掉了近30万亩的古柯叶子，这一发现使反毒组织喜出望外。

　　现在有关方面就以人工的方式大量养殖小白蛾，再用飞机把它们运送到有可能种植古柯的丛林地带。不久之后，蛹就发育成小白蛾，小白蛾交尾后产下的卵变化成幼虫，成千上万的幼虫狂吃古柯的叶子，打破了可卡因生产者的美梦。

苍蝇、蚊子是怎样过冬的?

夏天的时候,苍蝇和蚊子到处乱飞,传播疾病。可是一到冬天,它们全都不见了,是不是都被冻死了呢?当然不是,它们也开始过冬了。一般来说,苍蝇在北方大多数以蛹过冬,少数以幼虫或成虫过冬;而在南方,一般以蛹和幼虫过冬,也有的以成虫过冬。

蛹是幼虫变的,它有一层较硬的外壳,可以保温。况且,它一般在有粪便、垃圾等地方的土表下面,这里温度比较高,不会冻坏;等春天天气暖和时发育成苍蝇,从地表钻出来。在北方,

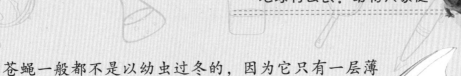

苍蝇一般都不是以幼虫过冬的，因为它只有一层薄薄的皮，抵御严寒的能力不强。而在南方，由于比北方温暖，它们就待在粪堆或其他孳生物里面不动，等到春天再化成蛹，最后变成苍蝇。成虫过冬时静静地伏在屋檐、围墙、牲口圈、厕所等背风向阳的地方，不吃也不飞。

蚊子的过冬方式很多，有的以卵过冬，有的以幼虫过冬，还有的以受孕的雌蚊过冬。

蓑蛾为什么又叫避债蛾？

雌蓑蛾没有一般蛾子的四个满是"粉末"的翅，也没有蝴蝶那样美丽的花衣服，而是朴朴素素的一件"蓑衣"。这件"蓑衣"是由一根根干草棍或小细枝组成的，有的是枯叶的碎片，有的是木屑。别看这件衣服的外表粗糙，里面可是用纯丝织成的，洁白光滑，柔软而且温暖。

蓑蛾也和别的蛾子一样，是由一条毛毛虫从卵里钻出来变成的，小毛毛虫出生后的第一件事情就是把雌蛾留下的"蓑衣"改造成自己的小衣服。穿上"新衣服"的小毛毛虫把身子举起来倒竖着，只把脚露出来。有了"蓑衣"的保护，小毛毛虫就不怕风雨和敌害了。在冬天，它还可以在"蓑衣"里过冬呢！

　　春天的时候，雄蓑蛾有翅会飞出去，而雌蓑蛾没有翅，它将卵产在"蓑衣"里。由于蓑蛾总是躲在"蓑衣"里不出来，人们就形象地叫它"避债蛾"。

蜻蜓为什么用尾巴点水？

蜻蜓的卵是在水里孵化的，所以蜻蜓点水其实是在产卵。蜻蜓幼年时期生活在水里一两年，它的幼虫有三对足，没有翅膀。长大后的幼虫爬出水面，蜕皮后就变成了蜻蜓成虫。

蜻蜓成虫到了繁殖期要进行交配，我们常看到一对对蜻蜓，一前一后地拉着飞，那是它们在交配。交配中的雌蜻蜓用足抱住雄蜻蜓的腹部，并将身躯弯曲，使腹部的生殖器接收精子，

交配后雌蜻蜓会飞到水边去"点水"，这就是蜻蜓在水中产卵的动作，这就是蜻蜓"咬"着尾巴举行婚礼的全过程。在整个过程中，它们可以

抱着飞行或停在枝叶上。

　　蜻蜓是人类的好朋友，为人类作出了重大贡献。首先，它的一生要吃掉很多蚊子；其次，它的身体结构给人类以重要启迪，直升飞机的设计师们反复研究了蜻蜓的翅膀后，经过不断改进，才使直升飞机的性能得到了完善。

蟋蟀为什么好斗？

　　好斗是雄蟋蟀的天性。因为蟋蟀生性孤僻，一般情况下都是独居一穴。如果两只雄蟋蟀相遇，它们必然会露出两颗大牙一决高下；而一雄一雌相遇则会柔情蜜意，互表仰慕之情。

　　据记载，娱乐性的斗蟋蟀始于唐朝，通常是在陶制的或瓷制的罐中进行。将两只雄蟋蟀放在罐中，一场激战就开始了。首先猛烈振翅鸣叫，在给自己加油鼓劲的同时灭对手的威风，然后就龇牙咧嘴地开始决斗。头顶，脚踢，卷动着长长的触须，不停地旋转身体，勇敢地扑杀。几个回合之后，常常杀得牙掉脚断，还不肯罢休，直至决出胜负。

　　蟋蟀有一对复眼，但视力相当差，好多情况下它们在找食物的时候，完全是靠头上的那两根长长的须子。斗蟋蟀的人只消将两只蟋蟀放在一起，然后用鸡毛去拨弄它们的长须，它们就会以为是对方在打它。这样它们就你来我往地打起来了，直到最后不能动为止。

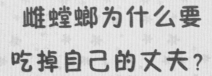

雌螳螂为什么要
吃掉自己的丈夫?

螳螂和恐龙曾经生活在同一个年代,但是身体庞大的恐龙早已在地球上消失,而螳螂却顽强地生存了下来。这是由于它的适应能力强、捕食范围广,特别是繁殖后代时雄螳螂还会"舍身喂妻"。

　　秋季是螳螂繁殖的季节，当两只螳螂交尾后，雌螳螂会用自己强大的前足将它"丈夫"的头钳住，然后张开口将它吃掉。雄螳螂在这一关键时刻并不反抗，而是为了雌螳螂肚子中的下一代考虑，将自己身体的营养送到雌螳螂的口中。因为在自然环境中，螳螂妈妈平常吃的小虫子根本不够自身对蛋白质的需要，为了产出健康的下一代，要吃四五只雄螳螂才行。当螳螂妈妈产下卵后，自己也会精疲力竭而亡。所以，无论是雄螳螂还是雌螳螂，都为下一代牺牲了自己的生命。

屎壳郎为什么喜欢滚粪球?

　　屎壳郎是一种食粪甲虫。夏秋之季，人们经常可以在草地上看到屎壳郎滚粪球，它笨拙地把粪球滚得越来越大。

　　当粪球滚到适当大小时，屎壳郎把它推到偏僻安静的地方，然后用头和足把粪球下面的土挖开，使粪球下陷，再把四周的

土翻松。这时，它便在粪球上产卵，产完卵后，再松一些土把粪球盖上，直到粪球与周围的地面齐平。这样，既不容易被敌人发现，卵孵出的幼虫又可以吃着粪球长大。

屎壳郎挖洞埋粪，既可以疏松土壤，又可以促进粪便的热化分解，增加土壤肥力。人们利用屎壳郎这种能力，曾拯救了澳大利亚大草原。18世纪末，当人们把第一批牛、羊等家畜引进到澳大利亚草原后，家畜大量的粪便严重影响了牧草的生长。为了解决这一问题，科学家提出了用屎壳郎来处理粪便的方法，并实施成功，从而使草原最终恢复了原来的面貌。

蜘蛛为什么会织网？

　　蜘蛛是地球上古老的节肢动物之一，它用不着像其他动物一样四处觅食，而是织起一张充满希望的捕食网后，躲在一旁耐心地等待苍蝇、蚊子、甲虫或其他小飞虫上网。

　　蜘蛛织网的丝是从蜘蛛尾部的小孔中吐出来的，这个小孔叫丝囊，丝产生于其体内特殊的分泌腺。蜘蛛丝有极好的弹性和扩张性，小虫落在网上，虽然会把网拉长，但绝不会坠破，风更吹不破结实的网。科学家们曾用同样粗细的钢丝和蜘蛛丝一起接受负重实验，结果负重完全一样。

蜘蛛网是由黏丝组成的，但是蜘蛛会给自己留一条通往网中心的不黏丝，即使不小心踩到黏丝上，由于爪上分泌有油，它也不会被黏住。

蜘蛛吐丝的本领除了可以捕食外，还可以保护自己。当你把墙角的蜘蛛弹下来时，它不会马上摔到地上，而是迅速吐丝，把身体悬挂在丝线上来回摆动，然后慢慢爬到别的地方去。

蚂蚁是怎么认路的？

　　我们经常看到蚂蚁搬家时，成群的蚂蚁都是按固定的路线走，它们的视力非常差，那它们是如何走固定的路线回家的呢？

　　蚂蚁走路时，用头上的一对触角来探路，触角就像盲人手中的竹竿一样。触角有两种功能：一种是触觉作用，通过触角探明前面物体的形状、大小和硬度以及前进道路的地形起伏情况等。另一种是嗅觉作用，蚂蚁走路时，从腹部末端的肛门和

腿上的腺体里，不断分泌出少量的、带有特殊气味的物质，在路上留下痕迹；回巢的时候，

就用它的触角，闻着气味回家。有时候，蚂蚁还会根据太阳的方位来辨别路线。一般情况下，蚂蚁交替使用这两种方法。

　　用太阳方位辨别方向的昆虫还有很多，除蚂蚁外，还有蜜蜂、蝇类、金龟子等。

为什么蚊子叮过的地方又痒又痛？

　　蚊子的嘴部有一根细长的管子，叫作口器。口器的最外侧是上唇和下唇，这两片嘴唇的形状和水槽一样，由上到下很吻合地包着口器，起到保护内部的作用。口器里排列着一对上颚和下颚，中间还有舌头。

　　蚊子吸血时，先用上、下颚前端的牙齿刺破人的皮肤，再插入口器。这时，为了不让血液凝固，蚊子通过口器将唾液注入人体的血液中，这样可以轻易地将人体的血液吸进肚子里。

　　蚊子吸血的过程很快，所以当皮肤感觉到痒时，这只可恶的家伙往往已经不知去向了。

　　被蚊子叮过会痒的原因就是蚊子的唾液中含有刺

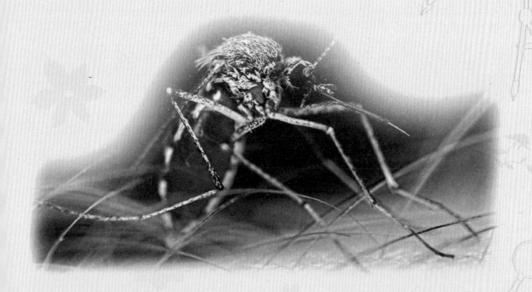

激性物质，人对这种物质会产生反应。

但是并不是所有的蚊子都吸血，只有雌蚊子才吸血，而雄蚊子只爱吸食花蜜和草汁，很少飞到人类的住房中。

一条蚯蚓被切断后为什么 会变成两条蚯蚓?

蚯蚓是耕耘土壤的"大力士",它在泥土里钻来钻去,使土壤疏松,团粒结构增强,从而促进农作物的生长,是人类的好朋友。

蚯蚓属于低等的环节动物,整个身体看起来就像螺纹管。它的身体被切成两段后,它不仅不会死,而且经过几天的生长,还可以变成两条完整的蚯蚓。这种能力叫作再生能力。动物越低等,再生能力就越强。

蚯蚓的再生

能力到底是怎么回事呢？原来，当它被切断后，切口上的肌肉在收缩的同时，还可以形成新的细胞团使伤口闭合。这时，它体内其他还没有分化的细胞也会迅速过来增援，与新的细胞团一起合成再生芽，内脏器官、神经系统以及血管等组织细胞也要向再生芽里大量繁殖生长。几天后，它的头尾就会自行长出，形成两条完整的蚯蚓。

蚕为什么爱吃桑叶？

蚕从孵出到结茧要吃掉0.03千克的叶子。它吃的叶子种类很多，除桑叶外，还有榆叶、生菜叶、蒲公英叶、

柳叶、无花果叶等，但它最喜欢的是桑叶。因为鲜桑叶中除了含有大量的水分外，还有丰富的蛋白质、糖类、脂肪、矿物质、纤维素和脂肪酸，而蚕制造蚕丝需要的主要原料正是这些物质。

蚕是靠它的嗅觉和味觉器官来辨别叶子的不同，如果破坏了这些器官，它吃什么叶子都会感觉是一样的了。

　　另外，雄蚕比雌蚕吐丝要多些。这是因为雌蚕要产卵，而这些卵是要消耗其体内物质的。虽然雌蚕体内储存的物质要多一些，但是经过这样一分配，作为吐丝结茧用的物质相对就少了。而雄蚕生殖腺发育所需的物质少，所以相对来说，雄蚕用于吐丝结茧的物质就会多一些。

老虎身上的斑纹有什么用?

世界上老虎的种类一共有八种: 孟加拉虎、里海虎、东北虎 (又叫西伯利亚虎)、爪哇虎、华南虎、巴厘虎、苏门答腊虎、印度支那虎。其中, 苏门答腊虎的斑纹最多, 而东北虎的斑纹最少。野生的老虎一般能活10年, 而豢养的老虎则能活上20年。

动物园中的老虎身上都有一圈一圈的斑纹, 有的是黄黑相间, 有的是灰褐色和黄色相间, 好像漂亮的衣服一样。其实, 这是老虎的保护色。

原来，在自然生活中，动物们为了避开天敌，保护自己，在进化的过程中，身体会带有颜色或花纹。这样的颜色或花纹对它们的生存有利，这样动物才能在自然选择中活下来，人们把这种颜色或花纹叫"保护色"。老虎身上的花纹就是它的保护色。很早之前，老虎生活在草长林密的地方，由于身上长着斑纹，它在休息或捕食的时候，就不容易被其他动物发现了。

猿猴为什么善于模仿？

猿猴的模仿性很强，它们不仅能跟人们学会一般的动作，还能学会做一些较为复杂的动作，这主要是因为猿猴的智力比较发达。猿猴是人类的近亲，在动物的分类上和人一样属于灵长类。猿猴长期生活在树上，行动需要较强的灵活性和肌肉的协调性，它们的大脑受到生活的影响，结构复杂而且完善。大脑越发达，猿猴也就越聪明，相应地就具备了一定的识别和学习能力。人的大脑的重量占体重的2%，而猿猴的大脑的重量占体重的1.6%，所以，猿猴是接

近人类的一种非常聪明的动物，能够模仿人类的行为。

　　非洲的纳米比亚有一个农场，饲养了一群羊，而牧羊的却不是人，而是一只大猴子。美国有一位叫作威廉的心理学家，训练两只猴子给瘫痪的病人当"护士"，它们能给病人倒开水，寄送书籍和报纸，还可以把唱片插到唱片机上呢！我国的黄林园场近几年来也训练了几只猴子，它们的主要任务是掰玉米、采水果，干得非常不错。

眼镜蛇为什么听到音乐就起舞？

　　眼镜蛇是一种剧毒蛇，长着扁平的脖颈，经常昂首而立，口吐舌信。它们的颈部背面有一对白边黑心的花纹，白色圆环，看起来像戴了一副眼镜，故而得名。当遇到敌害或发起进攻时，眼镜蛇的颈部肋骨会向外张开，外皮也随着伸张，摆出它们特有的威胁姿势。

眼镜蛇的毒性很大，一般人和动物都不敢接近它，然而在印度等东南亚地区，舞蛇人能吹起笛子指挥眼镜蛇跳舞。当悠扬的笛声响起时，眼镜蛇的脖子突然膨胀，它会立起上半身，随着舞蛇人的舞步，它的头也会来回摆动。难道眼镜蛇能听懂音乐？其实，眼镜蛇不但听不懂音乐，而且它的耳

朵早已退化了，根本就没有听觉。眼镜蛇"闻"音乐起舞是因为它的脾气很暴躁，身体感到震动，想咬吹笛人一口而已。

为什么狗的鼻子很灵敏？

狗的嗅觉器官非常发达，上面长有黏膜，经常分泌黏液来润湿嗅觉器官上的嗅觉细胞，使它的鼻子经常保持着嗅觉灵敏性。由于狗的鼻子构造比一般的动物的鼻子复杂得多，所以狗的嗅觉非常灵敏；但是如果狗发烧，它的鼻子就会发干，当然就不灵了。

人们一般用"狗急跳墙"来形容一个人走投无路、企图反扑的狼狈样子，但是，狗急了还真会"跳墙"！

狗被追得发慌时，全身的神经系统处于极度兴奋状态。同时体内

的腺三磷就会在酶的作用下，极快地释放出极大的能量，瞬间把肌肉缩到原来长度的三分之一或四分之一，猛力拉动骨骼关节使自己跳起来。不光是狗，还有其他动物，包括人在内，如果被逼急了，都会"狗急跳墙"的。

为什么说蚂蚁是大力士？

　　我们经常在路旁看到蚂蚁在搬东西。别看蚂蚁很小，它可是动物界的大力士呢，有时我们会看见一只蚂蚁在搬动比它自身重许多的大青虫！科学家们研究发现，蚂蚁能将比其自身重50多倍的石块搬走，所以，说蚂蚁是大力士一点也不过分。那么，蚂蚁是怎么做到的呢？蚂蚁的腿部肌肉可以说是一台高效的肌肉发动机，这台发动机的动力来自一种结构复杂的化学物质。当蚂蚁走动时，它腿部的肌肉就会产生一种酸性物质，这种酸性物质会刺激化学物质急剧变化，使肌肉收缩起来，"发动机"

就开始产生巨大的力量，蚂蚁就轻而易举地把重物搬走了。

蚂蚁在搬东西的时候，都是排着长长的队伍，这样可以使它们不迷路，也不会走散。蚂蚁在走路的时候会释放出一种只有同伴才能闻出来的气味，走在后面的蚂蚁，只要跟着前面的蚂蚁留下来的气味，就不会走错地方了。

恐龙吃什么?

恐龙现在已经成为人人皆知的动物,英国人曼特尔是最早发现恐龙化石的人。

恐龙生活在距今7 000万~22 500万年的中生代,大多数身体特别大,曾经在地球上称雄一时。恐龙分为肉食恐龙和植食恐龙两大类,大型的肉食恐龙吃植食恐龙,小型的肉食恐龙吃小动物和昆虫,有的还偷吃恐龙蛋;植食恐龙吃植物。

中生代的地球气候温暖，陆地上到处布满湖泊和沼泽，生息着许多种类的爬行动物，这些动物很多都成了肉食恐龙的食物。中生代的松柏、银杏和蕨类植物都是植食恐龙的美餐。

最大的恐龙是震龙，身长有 39~52 米，身高为 18 米，体重达 130 吨。细颚龙是迄今为止发现的最小的恐龙，身长只有 60 多厘米，如果不算那条又细又长的尾巴，它只比鸡大一点。

动物的血液都是红色的吗？

　　人类的血液是红色的，绝大多数动物的血液和人类一样，也是红色的。但是，也有少数动物的血液并不是红色的，动物的血液颜色是由血色蛋白所含有的色素决定的。

　　各种动物在进化的过程中，形成的血色蛋白不一样，因此，血液的颜色也就不一样了。乌贼的血液是绿色的，蚯蚓的血液是玫瑰色的，蜘蛛的血液是青绿色的。有人以为虾、蟹等是无血的动物，其实它们的血液是淡青色的。而田螺更被误以为是无血的，其实它的血液则是白色

的，像牛奶一样。南极附近海域里，有几十种珍贵的鱼类的血液都是无色的。扇蟥虫是栖息在海底岩石上的一种动物，它的血液颜色更是奇特，居然一会儿是绿色的，一会儿是红色的。河马和蜗牛的血液颜色是很美丽的淡蓝色。

为什么长颈鹿不会叫？

　　野生动物一般都能发出叫声，长颈鹿虽有长长的脖子，却没有叫声，难道长颈鹿是"哑巴"？其实，长颈鹿也会叫。那么，为什么它们没有叫过呢？

　　这是因为长颈鹿的声带很特殊，在它的声带中间有个浅沟，发声很困难。发声一般需要靠肺部、胸腔和膈肌的共同作用，

但是长颈鹿那长长的脖子，使得这些器官之间的距离太远，叫起来很费事，所以，它们平时就不叫了。在长颈鹿小的时候，如果找不到妈妈了，它们还是会叫几声的。

长颈鹿的脖子有很多好处呢！长脖子对于长颈鹿来说，是它们用来警戒放哨和寻求食物的好武器；同时，长颈鹿生活在热带地区，还要靠它的长脖子来散热呢。长颈鹿的颈部有很长的颈椎骨，由比人手臂还粗的肌肉支撑着；其前额有一块坚硬的角状头盖骨，这样长颈鹿的长颈就相当于强大的铁臂，头部就成了无坚不摧的铜锤，谁也难以抵挡。

为什么寄居蟹居住在螺壳里？

寄居蟹外形既像蟹，又像虾，身上总是背着一个大螺壳，一旦受到惊吓，它就立刻把身体缩进螺壳里。这个螺壳不是它自己天生的，而是捡来的，有的甚至是寄居蟹把活的海螺吃掉抢来的。当身体长大，原来的螺壳住不下了，它就再找一个合适的螺壳。这个"房屋"对寄居蟹很有用。由于没有敏捷的游泳技能，也没有蟹坚硬的甲壳，没有什么可以抵抗敌害的武器，寄居蟹只好把螺壳当作保护自己的避难所。寄居蟹的腹部已经退化，比较柔软、长而且弯曲，能够盘旋在螺壳里，它用扇尾钩住螺壳顶部，爬动时身体不会从螺壳里滑出来。

在大海里，寄居蟹居住在螺壳里，而海葵则伏在寄居蟹的

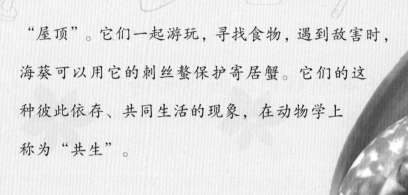

"屋顶"。它们一起游玩，寻找食物，遇到敌害时，海葵可以用它的刺丝螯保护寄居蟹。它们的这种彼此依存、共同生活的现象，在动物学上称为"共生"。

牛看见红色就会兴奋吗？

很多人以为牛看见红色就兴奋，所以，西班牙的斗牛士都是手里拿着一块红布，一边躲闪，一边抖动着手中的那块红布来挑逗牛。在一片喝彩声中，被激怒的牛向斗牛士猛冲过去，想把他一下撞倒。

假如斗牛士抖动的不是红布，牛会不会兴奋呢？有人拿来别的颜色的布在牛的面前抖动，牛依然被激怒了，不顾一切地

用犄角猛刺斗牛士。由此可见，不管什么颜色的布，只要在牛的面前抖动，它都会以为那是对自己的一种挑衅，会冲过去拼个你死我活。

其实，科学家们研究发现，牛对颜色的辨别能力很差，这是为什么呢？动物的眼球底部有一层视网膜，而视网膜上既有感受亮光的锥状细胞，也有感受暗光的杆状细胞，当光线刺激视网膜时，动物才能看见物体及其颜色。牛眼睛视网膜上的杆状细胞多于锥状细胞，因此，牛对物体的颜色是没有什么概念的。

天气炎热时，水牛为什么爱把自己浸在水里？

牛的种类很多，可以分为野牛与家牛两类，而家牛中又有黄牛、水牛、牦牛和奶牛等几种。在我国南方最常见的是水牛，它身强力大，皮肤黝黑，喜欢把自己泡到水里。黄牛个头比较小，在我国北方比较常见。

水牛是体温恒定的动物，天生皮厚体肥，但汗腺却不发达，不能利用汗腺散热来降低体温。在天气炎热的时候，水牛需要利用外界条件把体温降下来，最好的办法

就是泡到水里，借助水温来降低体内的温度。

水牛的祖先生活在热带、亚热带地区，那里气温高、湿度大，天气一热，水牛就受不了。特别是活动后，身体更是燥热，它们就更喜欢把自己浸到水中了。水牛的这种做法还有一个好处，那就是避免了蚊蝇的叮咬。所以，天气炎热的时候，水牛都喜欢泡在水里。

蛇在爬行时，舌头为什么总是不停地吞吐？

蛇总是不停地吞吐着舌头，特别是在爬行时，舌头吞吐得更厉害。这是为什么呢？

动物的舌头通常是味觉器官，可蛇的舌头很特别，是嗅觉器官。它的上面没有味蕾，因此它不能辨别酸、甜、苦、辣的味道。蛇的舌头常常伸出口外，能把空气中的各种化学分子黏附或溶解在湿润的舌面上，然后再判断遇到了什么情况。当蛇把舌头伸出来得到了一些物质微粒，缩回去以后，舌头就伸到口腔前上方的一对小腔里，这个部位叫助鼻器，它与外界不相通，不能直接产生嗅觉，但是它靠舌头的帮助能实现嗅觉功能。助鼻器是由许多感觉细胞组成的，能够把化学物质的信息通过嗅觉中枢的综合分析，鉴别出微粒中的化学物质，这样蛇就可以准确地捕获猎物了。

蛇的舌头一般是无毒的，传说中大蟒的舌头可以把人或其他动物从很远的地方吸进肚里，这是没有科学根据的。

变色龙为什么会变色？

　　变色龙的学名叫避役，是爬行动物的一种，约 25 厘米长。它们长有一副有趣的外表，两眼凸出，可独立转动；身体扁平，上面覆盖着一层鳞片，体色可随外界发生变化，尾巴常呈螺旋状或者缠绕于树上。变色龙在动物界中堪称自我保护的行家，它们在世世代代的进化中，为了捕捉猎物和避免敌人的侵袭，

逐渐练就了使自身颜色与周围自然环境融为一体的伪装本领。就因为它们善于随环境变化，改变自己身体的颜色，因而被称为变色龙。

变色龙喜欢静悄悄地生活在树枝上，一夜之间可以变换6种颜色，它们的表皮上贮存着黄、绿、蓝、紫、黑等色素细胞，如果周围的光线、温度或者湿度发生了变化，它们身上的颜色也会随之发生改变。因为变色龙的皮肤下有色素细胞，当外界环境的变化或者干扰刺激到它们的时候，皮下细胞就会经过一种复杂的伸缩过程，使肤色发生相应的变化。同时，各种色素细胞相互之间的作用也会使体表呈现出不同的颜色。

壁虎在墙上爬为什么不会掉下来？

夏天，在院子里的灯光下，经常能看到爬在墙上、纱窗上的壁虎吃小飞虫。壁虎又叫守宫、天龙，它为什么可以在墙上行走而不掉下来呢？

原来，壁虎的脚上长着一种叫"吸盘"的小东西，吸盘上还长有许多像头发一样细小的小钩，壁虎能在墙上又快又稳地爬行，这全是吸盘的功劳。壁虎爬行时，脚一碰到墙壁，吸盘就会牢牢地吸住墙，所以，它在爬行时又快又稳，没有一点声音。

人们根据壁虎脚上的吸盘发明了很多东西，比如吸在墙上的吸盘挂钩、射击的吸盘玩具等。

另外，壁虎的尾巴很容易断开，但能重新长出来，这是

它们被捉住以后脱身的妙计。有些壁虎的尾巴也是它们的营养储存室，没吃没喝的时候，就可以从里面提取营养。

蝙蝠睡觉时，为什么倒挂着身体？

蝙蝠是唯一会飞行的哺乳动物，它们晚上飞到洞外去捕捉昆虫，白天则在洞中睡大觉，到了冬天，蝙蝠还要冬眠。

蝙蝠的前肢已经发展为翅膀，爪子的指骨特别长，在四根指骨与身体、尾骨之间长有一层膜，很像鸟的翅膀，可以用来飞行，但却没有羽毛，只有第一根指独立在外，比较短小，是用来爬行的。蝙蝠的后肢又短又小，有一片两层的膜，由深色裸露的皮肤构成，这样使得蝙蝠既不能走路，也不能站立。除翼膜外，蝙蝠全身覆盖着毛，背部呈浓淡不同的灰色、棕黄色、褐色或黑色，而腹侧颜色较浅。

蝙蝠是利用从空中落下的惯性起飞，一旦不幸落在地上，翼膜和身体都贴在地面上，就飞不起来了。所以蝙蝠总是把自己高高地倒挂在洞中，一旦有了危险，便能快速地伸开翼膜起飞。